窃蛋龙
真的偷蛋吗？

张玉光　著　　心传奇工作室　绘

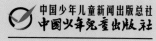

中国少年儿童新闻出版总社
中国少年儿童出版社
北　京

读这本书，你需要知道……

1 恐龙生活的时期

地球自诞生以来已经有46亿年的历史了，为了便于大家了解地球的历史，科学家将这46亿年划分为5代：太古代、元古代、古生代、中生代、新生代。其中中生代又分为3纪：三叠纪、侏罗纪和白垩纪，恐龙是这一时期的霸主。

距今1.5亿年，始祖鸟出现，有人认为它是最早的鸟类，也有人认为它是长着羽毛的小型兽脚类恐龙。

距今2.3亿年左右，最古老的恐龙始盗龙出现。此时，地球上的大部分地区是炎热干燥的荒漠。

侏罗纪

距今2亿~1.45亿年

三叠纪

距今2.5亿~2亿年

地球诞生8亿年之后，才有了生命的迹象。很长一段时间，地球上的生命都集中在海洋里。距今5.3亿年，最古老的脊椎动物海口鱼出现；距今3.6亿年，一些鱼类进化成两栖动物……地球上的生命进化得如此缓慢，任何微小的进步都值得歌颂。

2 恐龙的分类

根据骨盆的结构特征，科学家将恐龙分为两大类，一类是蜥臀目，它们的耻骨朝前，和蜥蜴的骨盆更像；一类是鸟臀目，它的耻骨朝后，跟鸟类的骨盆更像。

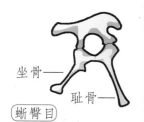

坐骨——

——耻骨

蜥臀目

坐骨——

——耻骨

鸟臀目

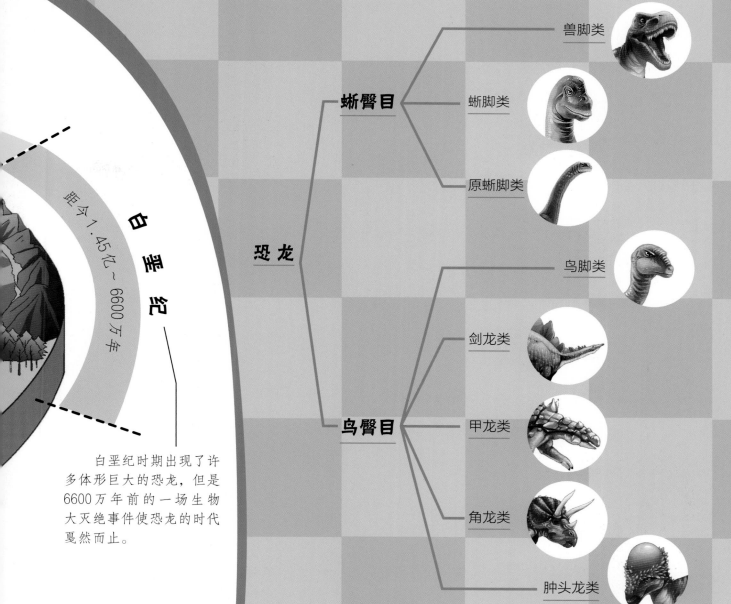

白 垩 纪

距今1.45亿～6600万年

白垩纪时期出现了许多体形巨大的恐龙，但是6600万年前的一场生物大灭绝事件使恐龙的时代戛然而止。

恐 龙

蜥臀目
- 兽脚类
- 蜥脚类
- 原蜥脚类

鸟臀目
- 鸟脚类
- 剑龙类
- 甲龙类
- 角龙类
- 肿头龙类

目 录

窃蛋龙 真的是小偷儿吗

我讨厌我的名字！谁听到它都会将我与贪婪无耻、专爱偷吃恐龙蛋的**小偷儿**联系在一起，我不愿意再回想起他们充满厌恶的表情！是的，我的名字叫窃蛋龙，但我并不是你们想象中的那样。

我知道在你们心中我是个"不良少年"！

窃蛋龙的名字来源于1923年的一次科学发现。当时，古生物学家在蒙古国戈壁上发现了一些破碎的蛋化石。在这些蛋化石的上面有一具恐龙骨架，而不远处是一具原角龙的骨架。他们认为趴在蛋化石上的这只恐龙正在吞食原角龙的蛋，并且为这只不知名的恐龙取名为"窃蛋龙"。

窃蛋龙

生活在白垩纪晚期，主要分布在今天的蒙古国、中国等地。它的个头儿和鸵鸟一样大，头顶上长有一个引人注目的骨质头冠。它是杂食动物，主要以植物、软体动物为食。

2003年，古生物学家发现了一个含有窃蛋龙胚胎的蛋化石，他们为这个窃蛋龙胚胎取名为"路易贝贝"。这个长形的蛋化石跟古生物学家在蒙古国发现的蛋窝中的蛋化石一样，于是真相大白，趴在蛋窝上的窃蛋龙原来真的是在孵蛋。

仅凭现场的情况就断定我们爱偷蛋，科学家的这种做法**很不严谨**。50年后，科学家在蒙古国戈壁又挖掘出一个恐龙蛋窝化石，这个蛋窝和现代鸟类的巢穴很像，里面有22枚恐龙蛋，围绕成一个圆形。一只成年窃蛋龙的骨架俯卧在蛋化石上，和现代鸟类孵蛋的姿势一模一样，但仍有人不相信我们是在孵蛋。

这位了不起的窃蛋龙妈妈，在孵蛋的过程中可能遭遇了猎食者袭击，危险来临时，它用身体紧紧地护住了孩子……

无法改变的名字

　　"窃蛋龙"这个名字遮盖了我们所有的闪光点。其实，我们拥有许多技能，不需要靠偷窃来维持生活。我和我的伙伴们决定**为自己正名**！我们向恐龙命名委员会提交了申请，要求根据实情重新为我们命名，随信附上了能证明我们拥有强大的生存能力的照片。

我们喜欢群居生活，这样既有利于共同抚育孩子，又有利于威慑敌人。对于体形不大的杂食动物来说，这是最佳选择。

我们的口中没有牙齿，但喙部有一对骨质尖角，它们非常适合咬碎鱼骨头，或撬开软体动物的壳。

我们可以像长颈鹿一样伸长脖子，摘取高处的浆果。

窃蛋龙的颈椎上长有发达的骨质突起，上面附着肌肉，有助于脖子抬升。

我们的后肢修长，即使在水里，也能奔跑如飞。

亲爱的窃蛋龙，对于你们的生存能力我毫不怀疑。但是我要非常抱歉地告诉你们，根据生物命名法原则，已经发表的恐龙名称永远不可更改。你们的申请被驳回！

收件人：窃蛋龙
地址：蒙古国戈壁

喀喀……想改名字是不行的。

错失第一个被命名的机会

和我们一样，在名字上**吃亏**的还有禽龙。早在1822年，英国一位乡村医生吉迪恩·曼特尔就发现了禽龙的化石，它是世界上最早被发现的恐龙，但却不是第一个被科学命名的恐龙。这个故事非常曲折——

禽龙

　　生活在白垩纪早期，是一种大型植食性恐龙，体长约10米。它的嘴前端长有坚硬的喙部，牙齿长在上下颌靠后的位置，可以将植物咀嚼成浆状。禽龙的前肢长有5趾，其中"大拇指"呈钉状，可以灵活地钩取食物。

禽龙的命名过程

曼特尔发现化石后，将这些化石的照片寄给了当时最有名的古生物学家乔治·居维叶，得到的答案是：牙齿化石可能是犀牛的，骨骼化石可能是河马的。对于这个答案，曼特尔将信将疑。

禽龙的生存能力极强，无论是茂密的树林，还是炎热干燥的荒漠，都曾发现它们的身影。禽龙喜欢群居生活，这样有利于抵御猎食者袭击。

3年后，曼特尔发现这些牙齿化石和一种美洲蜥蜴——鬣蜥的很像，顿时茅塞顿开，认为这些化石的主人是一种已经灭绝的爬行动物，和鬣蜥同类，为它取名"Iguanodon"，意思是"鬣蜥的牙齿"，中国学者翻译成"禽龙"。

嗨！你们好！

可惜，早在1年前，地质学家巴克兰已率先发布了"巨齿龙"的消息，禽龙错失了成为第一的机会。不过，正是因为禽龙被命名的故事一波三折，才使它在日后声名远扬。

吉迪恩·曼特尔

最早被科学命名的恐龙

以**巨大的牙齿**闻名的巨齿龙，是**最早**被科学命名的恐龙。1815年，英国的地质学家巴克兰在采石场得到了一块下颌骨化石，9年后他发表文章称这块化石的主人是"巨齿龙"，这是世界上第一则有关恐龙的资讯。

1677年，人们就发现了巨齿龙的化石。那时科学界对恐龙还没有太多理论上的认识，错把它当成"巨人"的遗骨。

巨齿龙

生活在侏罗纪时期，是一种大型的肉食性恐龙，它以体形庞大的蜥脚类恐龙和剑龙为食，有时也会吃动物的尸体。

巨齿龙的牙齿**非常长**，每颗有十几厘米，和小朋友们用的牙刷一样长。它的牙齿尖锐，呈锯齿状，一看就是超级凶猛的肉食性恐龙！

恐龙的名字是怎么来的

　　听完我们的遭遇，你是不是很好奇恐龙的名字是怎么来的？古生物学家为恐龙命名之前，会先将恐龙化石与之前发现的恐龙做比对，为它找到同类。具有相似特点的恐龙会被归为一类，它们有一个统一的称呼，就是"属名"。我们平时常说的恐龙的名字大多数是指"属名"。

国外篇

　　国外古生物学家喜欢根据恐龙的形态特征或习性来为恐龙命名：

Coelophysis 腔骨龙

　　腔骨龙的属名来自古希腊文，本意是"空心"，这是因为它的骨骼轻巧纤细，多处是空心的。

Oviraptor 窃蛋龙

　　最初古生物学家以为窃蛋龙喜欢偷食其他恐龙的蛋，因此为它取名窃蛋龙。

其次是以其处于进化历程中的重要位置进行命名：

Eoraptor 始盗龙

始盗龙被认为是最原始的恐龙之一，出现在三叠纪晚期。

很小一部分以发现者或者捐献者的姓氏命名：

Lambeosaurus 赖氏龙

赖氏龙这个名字是为了纪念它最早的发现者——加拿大古生物学家劳伦斯·赖博。

在国内，恐龙的名字大多以发现地命名。热河龙发现于中国辽西一带的热河生物群，jehol在拉丁文中是热河的意思。

Jeholosaurus 热河龙

生活在白垩纪早期，是一种小型的鸟脚类恐龙。热河龙可能是杂食性恐龙，以植物、昆虫等为食。

原来我的名字是这么来的。

其次是以形态特征、习性等进行命名：

Mei 寐龙

生活在白垩纪早期，因其化石呈现出睡觉的姿势而得名。

最近雷克斯农场附近有1只霸王龙出没，已造成3只角龙宝宝死亡，1只巨龙重伤，恐龙警察局正在全力追捕。提供下落者，奖赏100亩草原。

霸王龙的学名是：*Tyrannosaurus rex*，*Tyrannosaurus* 是属名：暴龙，*rex* 是种名。

科学家给恐龙起名需要遵循**双名法**，即一个学名由两部分组成：属名＋种名，用拉丁文表述。同一属内的恐龙并不完全相同，还需要根据它们的差异继续细分，再起"种名"。种名通常反映恐龙的特征、发现地，有时也为了纪念某位人士或重要的事件。

Lufengosaurus magnusi
巨型禄丰龙

"*Lufengosaurus*（禄丰龙）"是属名，反映了它的发现地云南省禄丰县。"*magnusi*（巨型）"是种名，反映了这种恐龙体形巨大。

Mamenchisaurus sinocanadorum
中加马门溪龙

"*Mamenchisaurus*（马门溪龙）"是属名，反映了马门溪龙最早的发现地四川省宜宾市马鸣溪渡口。"*sinocanadorum*（中加）"是种名，是为了纪念中国和加拿大的科学家合作发现了它。

Lufengosaurus huenei
许氏禄丰龙

"*huenei*（许氏）"是种名，是为了纪念德国的古生物学家许耐。

Mamenchisaurus hochuanensis
合川马门溪龙

"*hochuanensis*（合川）"是种名，是为了纪念这具恐龙的发现地。

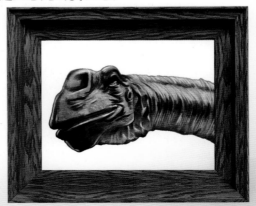

给恐龙找名字

C 腔骨龙
oelophysis

Q 酋尔龙
uilmesaurus

V 伶盗龙
elociraptor

F 铸镰龙
alcarius

小朋友们，你们已经知道了恐龙**命名的原则**，那么请在贴纸中找到本册书中提到的恐龙，将它们贴在相应的名字上方吧。

E 始盗龙
oraptor

T 巨齿龙
eratosaurus

K 钉状龙
entrosaurus

Y 盐都龙
andusaurus

O 窃蛋龙
viraptor

N 结节龙
odosaurus

S 冥河龙
tygimoloch

D 梁龙
iplodocus

L 辽宁龙 *Liaoningosaurus*

I 禽龙 *Iguanodon*

X 晓龙 *Xiaosaurus*

A 近鸟龙 *Anciornis*

B 重爪龙 *Baryonyx*

W 乌尔禾龙 *Wuerhosaurus*

P 板龙 *Plateosaurus*

R 汝阳龙 *Ruyangosaurus*

M 小盗龙 *Microraptor*

Z 祖尼角龙 *Zuniceratops*

G 气龙 *Gasosaurus*

U 黑水龙 *Unaysaurus*

J 热河龙 *Jeholosaurus*

H 华阳龙 *Huayangosaurus*

恐龙存活的证据

化石是恐龙取名的依据，它是恐龙在这个地球上存活过的**证据**。恐龙化石主要包括骨骼实体化石、遗迹化石和遗物化石。骨骼实体化石包括恐龙的头骨、牙齿、躯体骨骼等；遗迹化石是指恐龙的足迹、移动时留下的痕迹等；遗物化石是指恐龙蛋、恐龙粪便等。让我们看看恐龙的化石是怎么形成的吧！

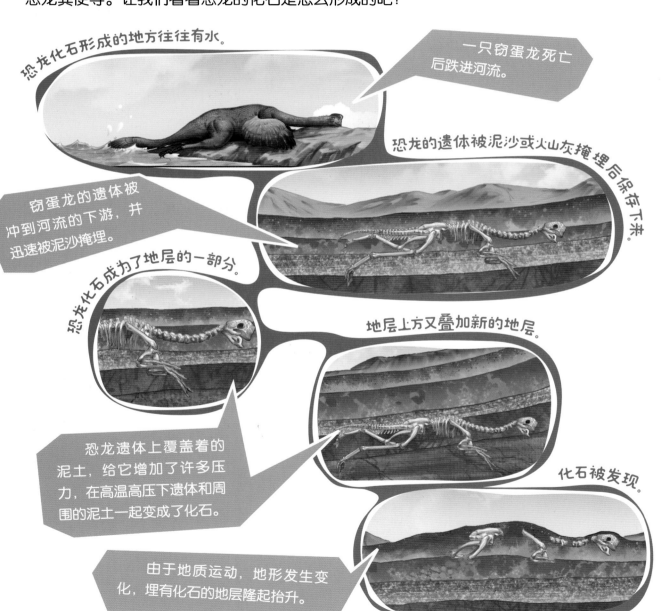

恐龙化石形成的地方往往有水。

一只窃蛋龙死亡后跌进河流。

窃蛋龙的遗体被冲到河流的下游，并迅速被泥沙掩埋。

恐龙的遗体被泥沙或火山灰掩埋后保存下来。

恐龙化石成为了地层的一部分。

地层上方又叠加新的地层。

恐龙遗体上覆盖着的泥土，给它增加了许多压力，在高温高压下遗体和周围的泥土一起变成了化石。

化石被发现。

由于地质运动，地形发生变化，埋有化石的地层隆起抬升。

足迹化石

揭示了恐龙的行走方式和行走速度。

牙齿化石

揭示了恐龙的食性和猎食方式。

恐龙蛋化石

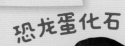

含有胚胎的恐龙蛋化石明确了恐龙的繁衍行为。

粪便化石

帮助我们了解恐龙的食性。

皮肤化石

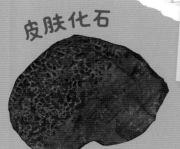

反映了恐龙皮层厚薄等特征信息。

琥珀中的恐龙化石

琥珀中保存下来的恐龙羽毛揭示了恐龙演化的信息。

骨骼化石

帮助我们复原恐龙的形态。

恐龙的骨骼化石

现如今，人类只能通过发掘出的恐龙化石来认识恐龙和它生活的环境。恐龙化石中**数量和种类最多**的是骨骼化石，这是因为动物的骨骼、牙齿等硬体组织最容易形成化石。

骨骼化石的作用：

古生物学家将发掘出的恐龙骨骼与现生生物的骨骼进行对比，可以恢复恐龙的大致形态和面貌。

19 世纪时古生物学家复原出的禽龙

最初，古生物学家认为禽龙更接近鬣蜥和犀牛。随着发现的禽龙骨骼化石越来越多，人们意识到恐龙可能更接近鸟类，因此如今古生物学家复原出的禽龙的体态更加轻盈。

今天的古生物学家复原出的禽龙

恐龙骨骼化石切片
可以推断出恐龙的生长
模式、骨骼结构，以及
恐龙是冷血动物还是热
血动物等。

恐龙化石的原始埋藏环境反映了恐龙生存时期的环境和气候。

3D技术打印的霸王龙头骨

现今，一些如3D技术、
CT扫描技术等高科技的手段，
使我们对恐龙的探索更加接近
真实。

头骨化石差别大

恐龙的头骨化石并不多见，因为恐龙的头骨骨骼比较脆弱，上面有很多孔洞，**很难保存**下来。我们只能透过为数不多的恐龙头骨化石，去探寻恐龙的秘密！

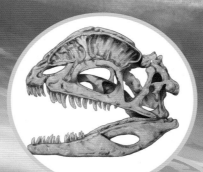

双脊龙

生活在侏罗纪早期，它的头顶长着两个引人注目的骨质冠，不过这两个头冠很脆弱，只能用来炫耀，不适合打架。

大椎龙

生活在侏罗纪早期，植食性恐龙。它的头骨很小，上面有很多孔洞，成对排列在头部两侧，这样可以减轻头部重量。

腕龙

　　生活在侏罗纪晚期，植食性恐龙。它的体形巨大，头和身体比起来非常小。腕龙的牙齿长得像勺子，可以切断蕨类植物的茎和叶。

异特龙

　　生活在侏罗纪晚期，它的头骨有1米长，相当于一个3岁小孩儿的身高。它的牙齿像是带有锯齿的刀片，非常锋利。

腱龙

　　生活在白垩纪早期，植食性恐龙。它的体长6米～8米，尾巴非常粗壮，通常四足行走，看起来非常笨重。

恐爪龙

　　白垩纪早期最危险的猎食者之一。它的头骨长41厘米，相对于3米多长的身体而言非常大，智商很高。

霸王龙

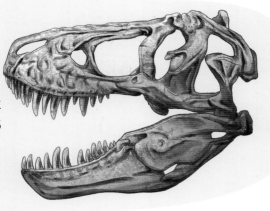

生活在白垩纪晚期，肉食性恐龙。体长12.5米，头骨长1.5米，智商超群。它的牙齿非常大，最长达30厘米，能一口咬碎钢板。

巨型山东龙有一张像鸭嘴一样扁扁的喙状嘴。它的颌骨前端没有牙齿，后端却长着许多颗锉刀状的牙齿。

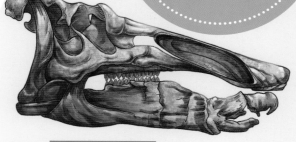

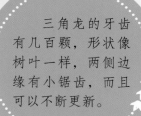

三角龙的牙齿有几百颗，形状像树叶一样，两侧边缘有小锯齿，而且可以不断更新。

巨型山东龙

生活在白垩纪晚期，植食性恐龙，是世界上最大的鸭嘴龙。它体长约15米，头骨长1.64米，比霸王龙的头骨还长。

三角龙

生活在白垩纪晚期，植食性恐龙。它的头骨上有三根角，一根长在鼻孔上方，两根长在眼睛上方。头部后方长有一个巨大的颈盾，最长超过了1.5米。

 知识卡片

通过恐龙的头骨化石我们可以发现：1.肉食性恐龙和植食性恐龙的头骨差异十分明显。2.植食性恐龙的头骨变化很大，各有特点。3.肉食性恐龙大多长着边缘有锯齿的刀片状牙齿，植食性恐龙因为吃的植物更丰富，所以牙齿更加多样。

蛋化石里的秘密

恐龙蛋的形态和大小**差别很大**，有的呈长形，有的呈圆形，有的呈棱柱形，有的像篮球那么大，有的只有鸡蛋那么大……不同形态的恐龙蛋对应着什么恐龙，只有蛋化石中的胚胎才能确定。

棱柱形蛋

代表恐龙：伤齿龙，长10厘米~20厘米。

长形蛋

代表恐龙：窃蛋龙，长约20厘米。

棱柱形蛋是目前所知恐龙蛋中蛋壳最薄的一类。

圆形蛋

代表恐龙：泰坦巨龙类，最大的圆形蛋直径为30厘米～48厘米。

蜥脚类巨龙类的蛋是圆形的，大的有篮球那么大，小的犹如乒乓球。

椭圆形蛋

代表恐龙：大椎龙，最小的直径6厘米～7厘米。

卵圆形

代表恐龙：慈母龙，长约18厘米，直径6厘米～7厘米。

树枝蛋

随着发现的恐龙蛋化石逐渐增多，现有的描述形态的词已经不够用了，科学家又另辟蹊径，根据蛋壳切片中的微观结构的形态命名，树枝蛋的名字就是这样出来的。

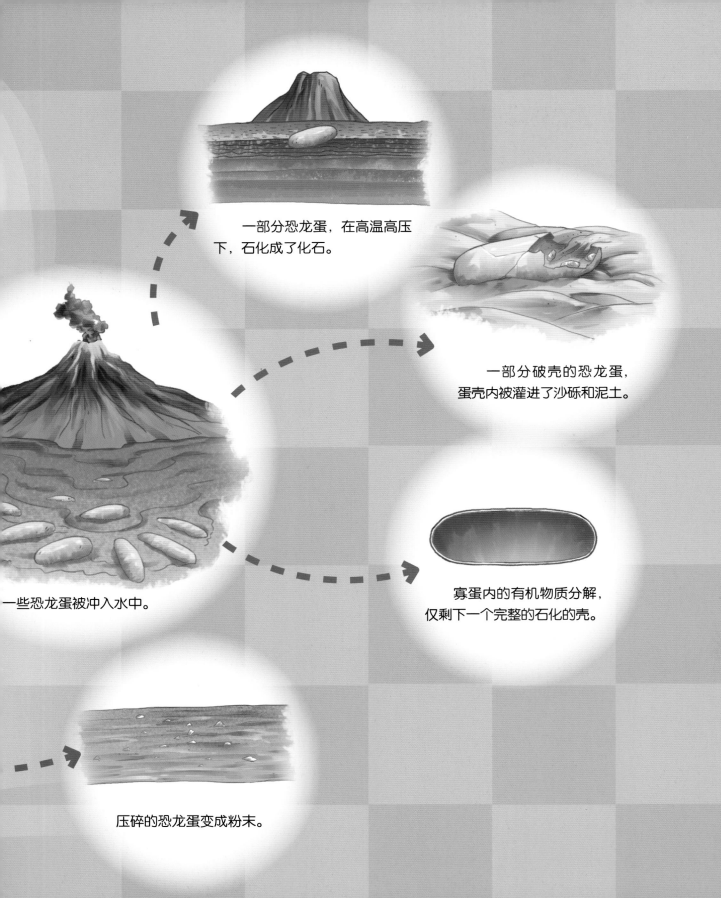

一部分恐龙蛋，在高温高压下，石化成了化石。

一部分破壳的恐龙蛋，蛋壳内被灌进了沙砾和泥土。

一些恐龙蛋被冲入水中。

寡蛋内的有机物质分解，仅剩下一个完整的石化的壳。

压碎的恐龙蛋变成粉末。

有的恐龙蛋永远都孵不出小恐龙，这种蛋叫寡蛋。

一只窃蛋龙生下了一窝恐龙蛋，然而这些恐龙蛋的命运却各不相同。

另一些恐龙蛋里孕育出恐龙宝宝。瞧，一只恐龙宝宝钻了出来。

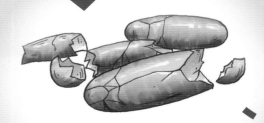

有的恐龙蛋不小心被压碎了。

足迹化石学问大

　　恐龙的足迹化石保存下了恐龙活动时的痕迹，我们可以据此**推断**出恐龙的类型、行走规律和行走速度。常见的恐龙足迹以3趾居多，约占70％以上；4趾、5趾次之；2趾极少，并且不清楚是不是由恐龙打斗造成的。

　　常见的3趾型足迹化石，大多数是两足行走的兽脚类恐龙留下的，它们的行走足迹前后连贯。

　　通过测量步幅长度，可以推算出兽脚类恐龙的奔跑速度，还原亿万年前的猎捕现场。

　　鸟脚类恐龙通常用后肢行走，前肢很少留下足迹，足迹形似三叶草。

多齿盐都龙

　　生活在侏罗纪中期，是一种小型鸟脚类恐龙。体长约2米，两足行走，善于奔跑。它的牙齿数目很多，因此得名。

蜥脚类恐龙体形巨大，它们四足行走，前肢留下的足迹经常会被后肢的足迹覆盖，足迹的形状呈长椭圆形。

恐龙的**足迹化石**通常发现于低纬度的湖滨、海滨或河畔地带。可以想象在亿万年前，恐龙拖着笨重的身体，踩在松软潮湿的沙土上，留下一行行足印。由于这里炎热干旱，足迹踩踏下去的凹陷区浸出的水分很快就被蒸发，变得非常坚硬，又经过漫长的地质年代，就变成了足迹化石。

粪便也有价值

与恐龙的骨骼化石和足迹化石相比，恐龙的粪便化石**非常罕见**。这是因为粪便比骨骼要软得多，受气候、环境、昆虫分解等外界因素的影响，能够保留到今天的概率非常低。而且恐龙粪便的形状不规则，即使是古生物学家的"火眼金睛"也很难发现。

大型蜥脚类恐龙一天需要吃掉大量的食物，很可能边吃边拉，边走边拉，把周围弄得脏兮兮的。

通过粪便化石，我们可以推测出它们的主人是植食性恐龙，还是肉食性恐龙。一般植食性恐龙的粪便化石里夹杂着植物的叶子和种子，肉食性恐龙的粪便化石里常出现细小的骨头。

大型植食性恐龙一次能产生很多粪便，不过由于粪便很软，很容易被风化和分解，很难形成化石。一枚粪便化石的价值比宝石还珍贵。

已经发现的鱼粪化石比现生鱼类的粪便大得多，可以猜想中生代的鱼类非常大。

动物的粪便化石中，鱼粪化石最常见，这是因为海洋和湖泊比陆地更容易保存化石。通过鱼粪化石的形状，可以推测出它们的主人排泄器官的样子。比如，带有旋纹的粪便化石，它们的主人肠内长有便于吸收营养的螺旋瓣，而直管状或者弯曲很少的粪便化石，它们的主人肠道内则没有这种结构。

被保存下来的羽毛

窃蛋龙是和鸟类亲缘关系最近的恐龙之一，我的很多亲戚都长有羽毛，像尾羽龙、似尾羽龙，等等。尽管我的**羽毛化石**还没有被大量的发现，但是从我亲戚们的面貌，便可大致推断出我们也是身披羽毛的。

窃蛋龙的许多亲戚都生活在中国辽宁省西部地区，在这里发现了众多带羽毛的恐龙和鸟类化石。这些化石大多形成于侏罗纪中晚期到白垩纪早期，那时火山喷发频繁，炙热的火山灰和令人窒息的空气造成大量的生物瞬间死亡，羽毛因含有不易腐烂和氧化的成分变成化石，被保留了下来。

赫氏近鸟龙也是在中国辽宁省西部被发现的，它生活在距今1.6亿年前的侏罗纪中期，是目前已知的最早长有羽毛的恐龙。从它的化石印痕可以看出，除了趾爪，赫氏近鸟龙的全身都覆盖着羽毛。

古生物学家从羽毛印痕化石中可以提取一种有机物——黑素体，通过它的结构及排列方式，可以推断出恐龙羽毛的颜色。

始祖鸟的羽毛在孵卵、伪装和展示等方面可能有着重要的功能。不过，恐龙的羽毛是何时出现的，它们又是如何学会飞行的，仍然是个未解之谜。

人类最早发现的恐龙羽毛印痕化石是始祖鸟的，发现于1860年。

始祖鸟

生活在侏罗纪晚期，小型兽脚类恐龙的一种。它的头部长得像鸟，有爪和翅膀，能短距离飞行。

无法保存的软组织

恐龙的皮肤、肌肉和内脏都是**软体组织**，充满了水分和有机质，在它死亡后不久就会腐烂、分解，直至消失，很难形成化石。科学家发现的软组织化石大多是恐龙皮肤的印痕，皮肤存在于身体的最外层，当恐龙发生意外时它最先接触沉积物，因此皮肤印痕得以保存下来。

巨棘龙被湖中泥沙掩埋的那一刻，一块泥浆印下了它肩棘处的皮肤，成为它在这个世界上曾经存活过的证据。

巨棘龙的皮很厚，它能够保护巨棘龙不被猎食者的利齿和尖爪一击毙命。

巨棘龙

生活在侏罗纪晚期，是一种原始的剑龙。它从颈部至尾部长着两排三角形或者方形的剑板，尾巴末端还长有4根粗壮尖利的尾刺，肩部两侧长有1对像刺刀一样的肩棘。

恐龙的皮肤和**现代爬行动物**的皮肤很像，它们的表皮角质化程度很高，身体被角质鳞包裹。这些角质鳞不但能起到保护身体的作用，还有利于防止体内水分散失。恐龙的皮肤化石非常珍贵，对认识恐龙的表皮、生理机能，以及复原恐龙有重要的作用。

巨棘龙身体表面覆盖着大小不一的鳞片，凹凸不平，大大降低了鳞片的亮度，当它藏起来时不容易被猎物发现。

巨赫龙皮肤化石

永川龙

生活在侏罗纪晚期，肉食性恐龙。体长约11米，脑袋很大。它拥有匕首一般的利齿和弯曲的利爪，奔跑速度极快，是当时顶级的捕食者。

知识卡片

恐龙的皮肤颜色，大多是科学家根据它们生活的环境，以及相近的现生动物的皮肤形态、颜色来推测的。比如在推测一些大型植食性恐龙的皮肤颜色时，科学家会参考犀牛和大象的皮肤颜色。

内脏化石

　　恐龙的内脏很难保存为化石，科学家在复原恐龙时多靠推测。不过有人曾发现了一具棒爪龙的化石，还保留了部分石化了的内脏，其中肝脏还保留了颜色。

猛犸象木乃伊

　　在西伯利亚的冻土层中曾经发现过一头距今超过1万年的猛犸象化石，它的皮肤、眼睛、内脏等软组织都保存完好。这头猛犸象的软组织之所以能保存下来，得益于它们所生活的冰天雪地的环境。

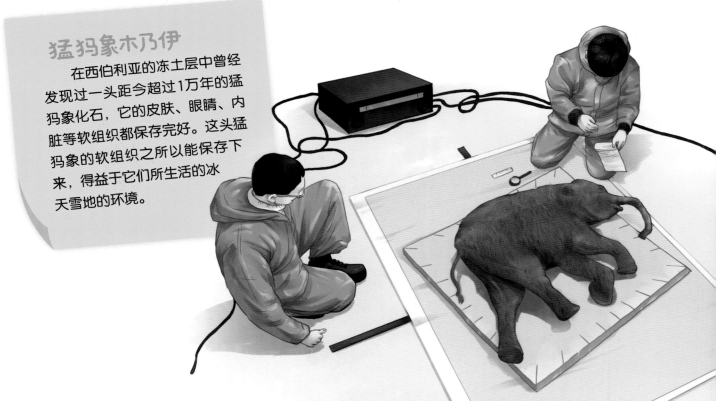

游戏时间!

还真有点儿难!

下图中隐藏了8个恐龙的名字，它们可能是横向排列的，也可能是纵向排列的，快快把它们找出来吧！

恐龙名字： 马门溪龙　异特龙　巨齿龙　伤齿龙

肿头龙　三角龙　双脊龙　气龙

腾	云	驾	雾	气	蒙	蒙	特	利	尔	雅	致	力	气	球
冲	朵	马	淞	质	学	太	事	益	等	兴	谢	大	喘	赛
动	态	门	框	问	号	奇	特	龙	爪	牙	腕	无	吁	事
作	小	溪	流	沙	角	龙	办	公	巨	齿	龙	穷	吁	叹
为	大	龙	飞	凤	舞	蹈	火	柴	犬	子	日	香	气	象
颈	椎	骨	头	条	件	肿	三	角	龙	云	彩	色	龙	脉
部	龙	颜	色	恐	怕	头	蛋	壳	皮	实	在	乎	床	铺
队	门	三	角	形	似	龙	舟	船	只	身	一	人	间	或
列	兵	士	成	双	入	对	错	误	会	议	程	序	位	置
国	旗	帜	羽	脊	柱	子	女	儿	山	东	龙	腾	虎	跃
家	族	规	矩	龙	珠	玉	石	破	惊	天	外	来	客	人
庭	院	定	海	神	针	对	象	鼻	孔	异	特	龙	门	洞
审	判	悲	伤	心	条	条	是	道	理	常	别	潭	水	干
读	书	臼	齿	轮	回	天	无	力	气	虎	头	虎	脑	袋
鲤	鱼	跳	龙	门	口	是	心	非	常	时	期	穴	居	所

著名的 恐龙公墓

许多恐龙博物馆都是建立在**恐龙化石群遗址**或**恐龙公墓**上的，比如中国的自贡恐龙博物馆、云南世界恐龙谷、西峡恐龙蛋化石博物馆，以及比利时的皇家自然博物馆。

中国自贡恐龙博物馆

1.6亿年前，大山铺一带由于干旱炎热，致使很多恐龙和动物死去。一天，一场突如其来的洪水降临，这些尸体随着洪水被冲入一处低洼地，就形成了今天的大山铺恐龙公墓。

中国自贡恐龙博物馆出土了大量蜥脚类、鸟脚类、剑龙类等侏罗纪时期的恐龙化石，同时还有大量的鳄类、蛇颈龙、翼龙等脊椎动物的化石。

中国云南世界恐龙谷

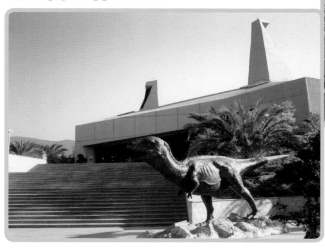

中国云南禄丰县的世界恐龙谷是一个震惊世界的"大坟场"。这里曾发掘出几百具恐龙骨骼化石，主要为许氏禄丰龙和巨型禄丰龙两种。

中国西峡恐龙蛋化石博物馆 ·······················

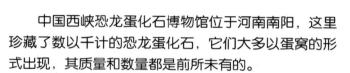

　　中国西峡恐龙蛋化石博物馆位于河南南阳，这里珍藏了数以千计的恐龙蛋化石，它们大多以蛋窝的形式出现，其质量和数量都是前所未有的。

比利时皇家自然博物馆 ·······················

　　比利时皇家自然博物馆最引人注目就是馆内的禽龙化石。这些化石来自比利时南部城市尼萨尔煤层，在1亿多年前那里曾有一个又深又陡的大峡谷，附近生活着许多禽龙。山洪暴发时，被洪水冲入深谷的禽龙被埋葬在此，逐渐形成了"尼萨尔恐龙公墓"。

恐龙化石的发现

要想在野外找到恐龙化石，除了必要的地质古生物学知识外，还需要借助当地人的发现和运气。如果说化石的形成是一种偶然，那么化石的发现则是**偶然中的偶然**！尽管如此，古生物学研究者们为了发现化石，每天都在细致地工作着，让我们看一看他们的一天吧。

古生物学家们的工具看起来并不特别：刮刀、凿子、刷子、锤子、牙钻、手铲、皮尺护目镜、手套、护膝、头盔等。

仔细留意有没有因为长期风化暴露出来的化石碎片，依据这些化石碎片暴露的位置，分析地层年代和环境，寻找史前生命的蛛丝马迹。

中午12：00：简单的午餐。

早晨8：30：在野外进行地质踏勘，确定有没有化石存在。

早晨7：00：整理好工具，准备驱车前往目的地。

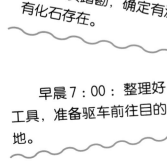

向当地人打听有没有发现恐龙化石的线索，一半以上的恐龙化石都是通过这个方法发现的。

下午3：00 驱车到研究所，分析研究一天的收获。

晚上6：00 驱车回家。

晚上8：00 确定第二天野外踏勘计划。

根据已掌握的野外资料和当地人提供的消息，逐步缩小范围，明天去野外踏勘的目的地是：山头和流水冲沟下游，仔细巡查有没有恐龙化石的残碎片。

发现化石之后

当找到化石点后，真正的野外挖掘工作才算开始。这时候，就需要组建一个考察队，选出一个**经验丰富**，又**吃苦耐劳**的成员作为队长，来**安排统筹**野外工作的有序进行。

选择野外工作场地，组建生活区。

在工作区不远处的开阔高地搭建帐篷，准备在这里长期生活和工作的物品。

小范围的试发掘，寻找丰富的化石点。

在已经确定富含化石的地方先进行小规模的发掘工作。

大型发掘中，对化石进行顺序编号、绘图和拍照记录。

当有足够的证据证明这个地方有恐龙化石时，展开大规模的发掘工作。除了动用大型工具如铲车、电锤等使岩层大面积露出，还要仔细做好文字和视频的记录工作。

制作"皮劳克"。

如果野外挖掘出来的大型骨骼风化或破坏严重，或者小型骨骼不易取出，还要打石膏包，简称"皮劳克"。

通过皮劳克将化石包裹起来，等回到室内再做进一步的修复。

将化石运回研究室。

将化石小心地运回室内，开展室内修复、研究工作。

如何复原一只恐龙

化石是恐龙留给我们的**唯一的线索**，通过它我们可以复原出一只恐龙。在这一过程中，找到恐龙的骨骼化石至关重要，它可以还原恐龙的大体形态。古生物学家就是通过组装分散的骨骼化石来复原恐龙的，这可是个脑力活儿和技术活儿。

按照恐龙的姿势制作出一个金属支架，并将支架与底座固定好。

把恐龙化石按顺序安装好，用金属卡口或螺丝固定住恐龙化石。

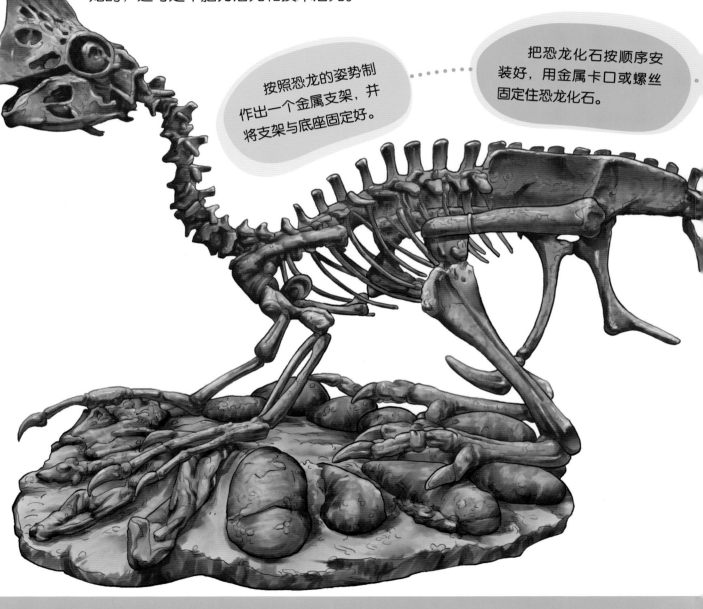

骨骼搭建好后，还需要复原肌肉和皮肤。由于化石很难提供这方面的信息，古生物学家不得不参考现生生物，通过类比的方法来推断。比如小盗龙的肌肉类似鸡，体表也覆盖着羽毛。

通常先安装恐龙的骨盆（也叫腰带），再安装椎体及肢骨，然后安装恐龙的脑袋，最后给化石上出现的划痕进行"美容"。

恐龙体表的颜色是复原恐龙的一大难题。过去古生物学家常常根据它们生存的环境，以及和它们相近的现生动物皮肤的颜色进行推测，最近科学家则通过恐龙羽毛化石中的色素粒，来推测恐龙的颜色。

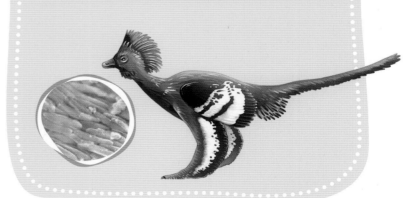

复原恐龙之路还很漫长，即使是极为熟悉的霸王龙，我们对它的了解也极其有限，不过古生物学家一直没有放弃。

小朋友，如果让你复原一只恐龙，你最想复原哪一只呢？

图书在版编目（ＣＩＰ）数据

恐龙博士. 窃蛋龙真的偷蛋吗？ / 张玉光著；心传奇工作室绘. — 北京：中国少年儿童出版社，2018.11
ISBN 978-7-5148-4913-4

Ⅰ．①恐… Ⅱ．①张… ②心… Ⅲ．①恐龙－少儿读物 Ⅳ．①Q915.864-49

中国版本图书馆CIP数据核字(2018)第187907号

KONGLONG BOSHI
QIEDANLONG ZHENDE TOU DAN MA

出版发行：中国少年儿童新闻出版总社
中国少年儿童出版社

出　版　人：孙　柱
执行出版人：张晓楠

策　　　划：包萧红		审　　读：聂　冰	
责任编辑：韩春艳		责任校对：华　清	
封面设计：杨　棽		美术编辑：杨　棽	
责任印务：任钦丽			

社　　　址：北京市朝阳区建国门外大街丙12号　　邮政编码：100022
总编室：010-57526070　　　　　　　传　真：010-57526075
编辑部：010-59344121　　　　　　　客服部：010-57526258
网　　　址：www.ccppg.cn
电子邮箱：zbs@ccppg.com.cn

印　　　刷：北京利丰雅高长城印刷有限公司

开本：889mm×1194mm　1/16　　　　　　印张：3.25
2018年11月北京第1版　　　　　　2018年11月北京第1次印刷
字数：41千字　　　　　　　　　　印数：10000册

ISBN 978-7-5148-4913-4　　　　　　定价：32.00元

图书若有印装问题，请随时向本社印务部（010-57526183）退换。